AF331320

T 163
Ie Soy

NOTICE

SUR LES

EAUX MINÉRALES SULFUREUSES

DE CAUVALAT.

PARIS,

IMPRIMERIE VINCHON,

RUE J.-J. ROUSSÉAU, 8.

1852.

NOTICE

EAUX MINÉRALES SULFUREUSES DE CAUVALAT.

Nous pouvons le dire avec autant de certitude que de fierté, il n'est pas de pays où le gouvernement se préoccupe plus qu'en France de tout ce qui constitue le *bien-être* du soldat.

Cette vérité, si, par impossible, elle était mise en question, ressortirait avec tout son éclat et toute sa puissance de l'examen sérieux et approfondi des différentes parties qui composent le régime économique de notre armée. — Nourriture, habillement, coucher, hygiène, tout cela est arrivé, à force d'études et d'expériences, en quelque sorte à l'apogée de la perfection.

On comprend tout d'abord le double motif qui, inspire, qui dirige depuis si longtemps l'autorité supérieure dans la recherche constante des améliorations progressivement obtenues et introduites dans les divers services de l'administration militaire. Ce double motif, c'est que le soldat est tout à la fois l'*enfant du pays* et le *défenseur de la patrie*. — Comme enfant du pays, il a le droit, au même titre que tous les Français, de revendiquer sa part de l'intérêt, de la sollicitude qui sont dus à chaque membre de la grande famille. Comme défenseur de la patrie, il faut que le soldat réunisse, outre la valeur, qui ne se donne pas, toutes les conditions de conformation normale, d'agilité, de force musculaire et de santé.

La *santé*, ce mot-là renferme tout. — Aussi, est-ce vers ce but que les yeux de l'administration militaire sont constamment fixés.

S'il nous était permis de passer en revue toutes les mesures dont la santé du soldat a été l'objet, on serait grandement étonné de leur multiplicité ainsi que de l'importance des sacrifices que le gouvernement s'est imposés, uniquement en vue d'assurer de plus en plus aux soldats un parfait état de santé, ou d'y ramener ceux qui sont atteints de quelque maladie.

Ainsi, pour ne parler que de ces derniers, quelle admirable combinaison dans la série des nombreux établissements où leur sont donnés des soins de toute sorte, depuis l'apparition du mal jusqu'à la guérison la plus complète! — C'est pour cela que l'administration de la guerre ne s'est pas contentée d'ouvrir des hôpitaux où de savants médecins prodiguent aux militaires tous les secours de l'art; elle a voulu aussi qu'ils fussent admis et traités dans des établissements spéciaux, renommés par les propriétés de leurs *eaux minérales*.

Les eaux minérales, en effet, ont une puissance curative tellement démontrée par les innombrables guérisons qui leur sont dues, qu'il n'est plus permis aujourd'hui de révoquer cette vertu en doute.

Insuffisance des établissements de bains pour l'armée.

Mais, il faut bien le dire, le nombre des établissements de bains où l'on a envoyé jusqu'ici les militaires malades est tout à fait insuffisant. — On n'en compte que trois : *Bourbonne*, dans la Haute-Marne ; *Baréges*, dans les Hautes-Pyrénées, et *Vichy*, dans le département de l'Allier ; de sorte que, outre cette insuffisance si regrettable, le Trésor public paie chaque année des frais de route très considérables à cause des grandes distances que les soldats malades sont obligés de parcourir ; ce qui nuit encore d'une manière très sensible à leur retour à la santé.

Bains de Cauvalat.

Cette triple considération : insuffisance des établissements de bains, — dépenses pour frais de route, — fatigues du chemin, fait désirer depuis longtemps que l'autorité militaire augmente, dans une juste proportion, le nombre de ces établissements. —Nous croyons donc faire une chose éminemment utile en lui signalant, dans cette vue, les *eaux minérales sulfureuses de Cauvalat,* situées à cinq minutes du Vigan, département du Gard.

On l'a dit certainement avant nous, pour faire connaître exactement l'utilité d'une source d'eau minérale, il ne suffit pas d'exposer la nature et les propriétés de l'eau, il est essentiel aussi d'observer la *situation* du lieu où elle est placée, — les *productions* du sol, — la *température* du climat, — les *ressources*, les *agréments* qu'on peut y trouver, — les routes qui y conduisent; car, personne ne l'ignore, ces accessoires, surtout l'influence de l'air et du climat, contribuent souvent à la guérison des malades autant que les eaux elles-mêmes. — Sous tous ces rapports, Cauvalat n'a rien à envier aux autres établissements de bains.

Topographie.

La ville du Vigan, chef-lieu de sous-préfecture, et patrie du chevalier d'Assas, dont la statue décore la place principale, est située dans un riche vallon, sur la petite rivière d'Arrc, et au pied des Cévennes. — Généralement bien bâtie, elle est entourée de sites charmants et de riantes maisons de campagne. C'est la plus jolie, la plus gracieuse et la plus *salubre* des petites villes des Cévennes. Aussi, les riches habitants de Nîmes et de Montpellier viennent-ils, ainsi qu'une foule d'étrangers, y chercher la fraîcheur et la *santé* durant les chaleurs de l'été.

Ressources alimentaires.

Outre ses forêts, ses montagnes, ses prairies et
ses rivières, toutes choses qui l'ont fait surnom-
mer la *Petite-Suisse*, le pays fournit en abon-
dance légumes excellents, bœufs, moutons, gi-
bier, poisson, volaille, fruits exquis et vin
délicieux.

Moyens de communications.

On arrive de toute part au Vigan par de belles
routes nationales et départementales, que des-
servent de nombreuses diligences. En moins de
huit heures, on y vient de Nîmes, de Montpellier
et de Lodève; en douze heures, de Marseille, de
Milhau et de Florac; en quinze heures, de Tou-
lon, et en vingt heures, de Lyon.

Déclarons-le sans crainte, l'établissement des
bains de Cauvalat, même abstraction faite des
agrandissements qu'il pourrait facilement rece-
voir, réunit, tel qu'il est aujourd'hui, toutes les
conditions d'une vaste et très confortable *maison
de santé*.

Constructions et aménagement.

Il se compose de *trois* hôtels, reliés entre eux,
au premier étage et au deuxième, par un long
corridor servant de communication.

Dans le *grand hôtel*, on peut loger de cent cinquante à deux cents malades, non compris les appartements réservés pour les officiers. La salle à manger, les salons de compagnie et de lecture sont d'une belle dimension et très convenablement disposés.

C'est dans ce grand hôtel que sont les cabinets particuliers pour les bains des hommes. — Chaque baignoire est munie de trois robinets, de manière qu'on peut donner à volonté des bains simples ou des bains minéraux.

Dans l'*hôtel intermédiaire* sont situés les bains de vapeur.

Dans le *petit hôtel*, on peut loger une compagnie pour le service. En ce moment, il est consacré aux douches de toutes sortes et aux bains pour les femmes (1).

Tous les cabinets sont établis au rez-de-chaussée et précédés, dans les trois hôtels, d'une belle galerie vitrée.

La cuisine et la buanderie sont parfaitement installées. — Enfin, les remises sont spacieuses, et les écuries peuvent aisément contenir cent chevaux.

Les bâtiments sont entourés de bois de châtaigniers, de bosquets, de prairies, de jardins, de promenades embellies et ombragées par des orangers, des peupliers et des platanes. — Au

____

(1) Il va sans dire que cette destination peut, sans la moindre dépense, être affectée à des bains pour *hommes*.

sud-est s'élève une fort jolie terrasse, d'où l'œil ravi se promène sur un magnifique panorama.

Des eaux minérales sulfureuses.

Après avoir, en quelques mots, fait connaître l'établissement de Cauvalat sous le rapport de la topographie, des constructions et de l'aménagement, il nous reste à parler de la *composition des eaux* et de leurs *propriétés médicinales*, tant internes qu'externes.

1° *Composition des eaux.*

EAU DE LA BUVETTE.

(Analyse faite à Paris par l'Académie nationale de médecine.)

Pour mille grammes, ou un litre, l'eau donne 1^g· 82^m· de substances fixes, dont 0^g· 57^m· solubles, et 1^g· 25^m· insolubles.

La composition de l'eau est, savoir :

Principes relatifs .	{ Acide carbonique libre.........	1/6 de volume.
	{ Acide hydrosulfurique, idem...	0^{g}0^m,140
	{ Azote inapprécié.............	0 0, 000
Principes fixes....	{ Bicarbonate de chaux........	
	{ — de magnésie......	0 4, 000
Sulfate de chaux................................		0 7, 600
— de soude....................		
— de magnésie....................		0 1, 200
Hydrosulfate de chaux..........................		0 0, 197
Silicate de chaux..............................		0 2, 600
Matière organique brune.		0 0, 100
Carbonate de soude		0 0, 800
(Dû à la double décomposition du sulfate sodique et du carbonate terreux.)		
Chlorure de sodium		0 0, 600
Eau pure.......................................		298 2, 803
		1,000 0, 000

EAUX DESTINÉES AUX BAINS.

(Analyse faite à Montpellier, par M. Bérard, doyen de la Faculté de médecine.)

Pour mille grammes, ou un litre :

Soufre se trouvant, selon toute apparence, à l'état de sulfure de calcium..	0ᵍ000,682
Matière organique non azotée.......................	0 084,000
Sulfate de chaux..................................	0 550,000
Carbonate de chaux...............................	0 215,000
— de magnésie	0 166,000
	1,000,000,000

Les eaux de Cauvalat sont froides, limpides et riches en composés à radical de soufre, comme on vient de le voir par les analyses dont elles ont été l'objet.

Par devoir de conscience, et afin de prouver que nous ne redoutons aucune des objections que l'on pourrait présenter (il y a toujours eu et il y aura toujours des détracteurs), en voici une que, dans une intention facile à saisir, on a produite plus ou moins sérieusement. On a dit : « Les eaux de Cauvalat sont *froides;* on est donc obligé de les chauffer. *Les eaux naturellement chaudes valent mieux.* »

A-t-on voulu dire par là que le calorique *central* est d'une autre nature que le calorique *artificiel*, et que le premier possède une puissance thérapeutique que n'aurait pas le second? Non, ce n'est pas cela qu'on a voulu dire; et certes nous croirions faire injure même aux personnes qui n'ont en physique que des connaissances très superficielles, si nous essayions de démontrer que le calorique central et le calorique artificiel sont d'une nature tout à fait identique. Qui ne sait, en effet, que c'est un seul et même fluide?

Si donc, par l'objection reproduite ci-dessus, on n'a pas eu l'intention d'insinuer que les eaux *naturellement* chaudes valent mieux que les eaux froides *artificiellement* chauffées, sur quoi prétend-on établir la supériorité des premières? — Sur un fait qui, simplement, franchement exposé, prouve, au contraire, que l'avantage reste tout entier aux eaux froides artificiellement chauffées.

Il doit être bien entendu que nous raisonnons dans cette hypothèse incontestée, que les eaux chaudes et les eaux froides sont riches en soufre absolument *au même degré*.

Cette hypothèse admise, qu'arrive-t-il pour les eaux minérales hydrosulfureuses naturellement chaudes? C'est que ces eaux, par cela seul qu'on est obligé de les laisser refroidir, perdent en se refroidissant une grande quantité de leur spécifique. — En effet, tant que l'hydrogène sulfuré, principe volatil, est comprimé dans les cavités souterraines, il charge l'eau minérale; mais du moment que cette eau chaude arrive au contact de l'air, le gaz sulfhydrique, si expansif même à la température ordinaire, se répand aussitôt dans l'espace et l'eau perd immédiatement une grande quantité de son spécifique, c'est-à-dire du soufre qui la minéralisait.

Or, cette déperdition, cet appauvrissement, sont inévitables, parce qu'il est impossible de mettre les bassins de réfrigération à l'abri du contact de l'air. En est-il de même pour les eaux hydrosulfureuses froides, quand, dans certains cas, on est obligé de les chauffer? Non, parce qu'elles arrivent à la baignoire *sans avoir vu le jour*, sans avoir été mises en contact avec l'air. — Si elles sont exposées à ce contact en arrivant dans la baignoire, elles sont naturellement alors torturées par l'acide carbonique de l'air; mais la décomposition de leur sulfure s'opère *autour du corps du malade*, et celui-ci met à profit une grande partie de cette décomposition.

Une minute suffit pour préparer le bain, une heure pour le prendre ; que l'on compare ce temps aux nuits et aux journées entières que nécessite la réfrigération des eaux qui sourdent de terre trop fortement chauffées, et tout esprit impartial reconnaîtra que l'eau hydrosulfureuse trop chaude, qui se refroidit lentement, perd beaucoup plus de son soufre que l'eau trop froide, lorsqu'elle est méthodiquement chauffée.

Nous ne voulions pas prouver autre chose.

Que l'on cesse donc d'adresser aux eaux de Cauvalat un reproche immérité. Ce n'est pas notre faute si, en repoussant ce reproche, nous avons été amené, par la force du raisonnement,

à démontrer que, en accusant les eaux minérales hydrosulfureuses *froides*, on sétait trompé
d'adresse.

2° *Propriétés médicinales des eaux.*

Les propriétés des eaux minérales de Cauvalat
s'étendent à un grand nombre de maladies. Elles
guérissent les *dartres*, la *gale*, la *syphilis*, les *catarrhes invétérés*, les *rhumatismes*, les *blessures* de
toute sorte, les *affections des voies urinaires*, les
fièvres intermittentes et les *obstructions des organes
abdominaux*.

Un document officiel porte qu'en 1850, bien
que la saison thermale ait été retardée par le
froid, et que la pluie l'ait fait clore le 15 août, on
a traité à Cauvalat 97 maladies cutanées, 54 rhumatismes chroniques, 47 lésions de l'utérus,
23 affections scrofuleuses, 19 syphilis constitution-
nelles.

A cette énumération qu'il nous soit permis
d'ajouter les observations suivantes.

Des *rhumatismes*, contractés dans les bivouacs
de l'empire, ont parfaitement été guéris par les
eaux de Cauvalat. Tous les ans, des cures de ce
genre s'y réalisent : témoin deux des plus chauds
adversaires de l'établissement, habitués de Ba-
gnols. Perclus de tous leurs membres, ils ne pou-
vaient pas entreprendre un voyage lointain :
force leur a été de prendre les eaux de Cauvalat,

et ils y ont recouvré la santé. Ce fait appartient à l'année 1852.

Des *gales* qui, depuis quinze ans, résistaient à toute espèce de traitements, ont cédé aux bains prolongés, à la boisson de l'eau de Cauvalat et aux bains de vapeur.

Des malades qui, depuis un an et plus, étaient minés par des accès de *fièvre*, qui arrivaient avec des *engorgements des viscères abdominaux;* plusieurs militaires venant d'Afrique, adressés par l'honorable M. d'Airolles, officier supérieur d'état-major, et atteints de dépérissement occasionné par des *dyssenteries* persistantes, ont tous été radicalement guéris, et ont réparé leur santé à Cauvalat.

D'autres, et en grand nombre, épuisés par de vieilles *maladies syphilitiques*, énervés par l'usage trop prolongé du mercure, ont vu se cicatriser de tenaces ulcérations et diminuer l'irritabilité, la faiblesse, qui faisaient leur tourment.

Des *plaies* endurcies par un trop long usage des préparations saturnines se sont assoupies, cicatrisées. — Les *coliques*, l'*amaigrissement*, occasionnés par les mêmes préparations, ont été guéris.

Les eaux froides de Cauvalat, ses irrigateurs et ses douches sont une des plus heureuses combinaisons pour soulager et guérir les vieilles *blennorrhagies*, les *catarrhes vésicaux*, les *engorgements prostatiques*, les *pertes séminales* qui efféminent l'homme le plus robuste et pervertissent son moral. — Tout le monde sait que ces maladies sont malheureusement fort nombreuses dans l'armée.

Disons enfin que les maladies chroniques de l'utérus, les *vomissements glaireux*, les *gastrites chroniques*, la *constipation* et la *diarrhée*, ont, le plus souvent, cédé à la puissance thérapeutique des eaux de Cauvalat.

Il est inutile de faire remarquer que les cas de maladies que nous venons d'énumérer se présentent surtout, et par malheur trop fréquemment, dans l'armée.

Il est également superflu de dire que, quelles que soient les vertus médicales des eaux de Cauvalat, elles sont situées dans une vallée si riche et si belle, que le climat seul guérit en quelque sorte *sans le secours de l'art* une foule de maladies, telles que les accès de fièvre opiniâtre, et les vieilles dyssenteries occasionnées par le séjour sur le littoral de la Méditerranée et en Afrique.

Si donc Cauvalat réunit toutes les conditions d'un *établissement de bains*, on peut affirmer qu'il réunit, au même degré, celles d'une véritable *maison de santé*.

Pour en finir, car il ne s'agit point, quant à présent, d'entrer dans d'autres détails, rappelons que, non-seulement les eaux de Cauvalat peuvent être administrées en boisson, en bains simples, en bains de vapeur et en douches, mais encore que, par un heureux privilége, on peut y prendre des bains durant tout le cours de l'année.

Conclusion.

En présence de résultats aussi précieux, de faits aussi éloquents, nous croyons être plus que jamais autorisés à proclamer bien haut les incontestables avantages que l'établissement de Cauvalat assurerait, sans aucun doute, à l'administration de la guerre, si elle l'affectait spécialement aux militaires malades. On aurait ainsi la certitude d'une guérison prompte et parfaite dans la plupart des cas analogues à ceux que nous venons d'énumérer; — on doterait toute la partie sud-est de la France et toute l'Algérie d'une institution réclamée depuis longtemps. Ajoutons à cela que, par la suppression des longues distances à parcourir, et, conséquemment, par la suppression des dépenses très-considérables occasionnées par ces voyages, toujours bien pénibles et souvent *funestes*, l'administration de la guerre réaliserait une économie dont l'importance est telle, que, dans un temps très court, cette économie aurait couvert les frais d'acquisition.

Ces diverses considérations, auxquelles nous ne croyons pas utile de donner plus de développement, tant elles frappent tout d'abord l'esprit, nous paraissent avoir par elles-mêmes une telle gravité, qu'elles provoqueront, sans aucun doute, la sérieuse attention du gouvernement.

Si (ce que nous désirons fort) il chargeait une commission de vérifier l'exactitude des faits qu'énonce ce simple et rapide exposé, nous avons l'espoir, disons mieux, la presque certitude que cette partie de l'armée qui tient garnison dans nos départements méridionaux et en Afrique sera bientôt appelée à profiter, en quelque sorte sans déplacement, des moyens de guérison que, jusqu'ici, il a fallu aller chercher au loin. — Ce sera un nouveau bienfait que l'armée devra à la vigilante et paternelle sollicitude du gouvernement du Prince-Président de la République.

E. VERDIER, D. M. M.

ANTHOUARD.

E. PELON,
Copropriétaire-directeur.

Typ. Vinchon, rue J.-J. Rousseau, 8. — 3738.